Living with Green

与绿色植物一起轻松度过每一天

与大自然亲密接触的绿色家居装饰

日本主妇之友社 编著
姚 维 译

河南科学技术出版社
·郑州·

目录

绿植带来的轻松慢生活

房间一旦有了植物，就会让人身心愉悦，
整个空间的氛围变得非常柔和。
欣赏植物、放松身体的瞬间，心灵也得到抚慰。
我们拜访了23个与绿色“共生”的家庭，
去寻找他们室内装饰的秘密，
并了解这些家庭的主人（均为室内设计师或生活时尚设计师）各自所爱的家装风格。

案例 1

极富男人味的空间

用绿色来点缀极富男人味的空间，

打造轻松休闲的室内装饰

INOUE 的家

在 LDK* 旁的阳光房摆满喜欢的绿植，让人仿佛置身于花店。

LDK* Living Room、Dining Room、Kitchen 的缩写，指代卧室、餐厅、厨房兼备的居所。

曾经在英国的巴士上使用的站牌以及刷成黑色的门让人印象深刻。橡皮树更成为点睛的艺术品。

1 漆成黑色的古董储物柜是主人的手工作品。旁边搭配野性的鸟巢蕨。2 充满个性的动物主题小物件也是井上先生的至爱。厨房的窗边，随意地摆放着混栽植物的花箱。3 一旦加入黑色，植物仿佛也有了成熟的表情。4 厨房置物架上摆放的是卵叶天门冬。5 展现井上先生收藏品味的一角。

铁艺 + 黑色 + 古董 + 绿植，成就休闲硬朗的室内装饰风格！

井上先生所追求的是在以自然风格为主的室内装饰中突出铁艺的素材感。再加上“破损得恰到好处的”复古家具，让粗犷的整体风格呼之欲出。室内大量的绿色植物，则增添了几分休闲舒适的氛围。

“集中放到阳光房中的植物，已经不单是美美的绿植，而是热带雨林了。”井上先生说道。

这些植物根据叶子形状和习性的不同，高低相间、错落有致地摆放着，其中不乏精选的珍稀品种，让人仿佛置身于精心打造的绿植花店。

花架统一用黑色，蕨类植物都用野性一点的花盆来装，像这样，井上先生在坚持自己制定的小小规则的同时，享受着绿植带来的快乐。

1

2

PLANTS AND BLACK ARE GOOD LOOKING

3

4

5

放在地上的鸟巢蕨、玻璃储物柜旁的龙舌兰……个性植物搭配自然风格的家具——整个空间洋溢着井上先生独特的个人风格。

井上先生家生机盎然的窗边：左边窗台上摆放着散尾葵（右），桌子右边摆放着常春藤，普通的绿植因为独特的花盆而富有格调。右边窗台上摆放着纽扣玉藤（左）、马蹄金银瀑（右）。室内有不少珍稀品种，摆放时充分考虑到了叶片的形状和高低差。

案例 2

舒适的休闲空间

让朋友们自然而然地聚集过来的
舒适放松的休闲空间

N的家

沐浴着阳光的植物们仿佛也身心舒畅：垂叶榕（P12 落地窗边的大型植物）、千年木（右边的收纳一角）、常春藤（P12 里面落地窗边架子上左边）等。

1 房间一角摆放着自己喜欢的工具。工业风格的架子类似商场货架。2 收集的帽子挂在有孔木板上——仿佛商店一样的展示性收纳。3 冲浪板工艺品摆放在 Dulton 的收纳柜中。 一旁的铁线蕨让人仿佛感觉到了徐徐微风。4 不锈钢的厨房案台是 D.F.Service 的。5 无印良品的沙发，与植物一起成为绿色的焦点。

WITH **GOOD COFFEE**
COZY AND **YUMMY**

1 开放式的生活空间：厨房、餐厅、客厅。在中间位置放上绿植后，从各个角落都能欣赏到怡人的绿色风景。2、3 午餐照例是贝果三明治和拿铁。4 N 家的必需品：意大利 De'Longhi 的全自动胶囊咖啡机。

给稍显硬朗的“专业范儿”空间 增添轻松氛围的植物

N 夫妇说：“我们想要一个像体育馆一样的，没有隔断，墙壁也很少的房子。”在这个充分利用了层高的开放式生活空间里，垂叶榕、千年木、常春藤等植物格外显眼。

两人笑着说：“因为我们家太过于开放，所以朋友们经常从阳台就进来了。”这是一个能让朋友们自然而然地聚集过来的、舒适轻松的休闲空间。在这里迎接大家的植物，似乎也都散发着快乐的气息。夫妻二人理想中的“客人可以随意打开冰箱的家”得以实现。

“我对‘专业’‘业务专用’这些词毫无抵抗力。”N 先生说道。家中模仿复合式品牌店（Select Shop）的“展示性收纳”，以及如同咖啡店一样，把不锈钢吧台作为主角的室内装饰风格，处处都彰显着“专业范儿”。而植物则给这个稍显粗犷硬朗的空间，增添了几分轻松感。

案例 3

简单安静的生活

古物、绿植，悄然走进简单安静的生活

TAKIZAWA 的家

纯白墙壁背景下随意插着的麻叶绣线菊让人印象深刻。Jean Prouvé 的 EM 桌搭配伊姆斯椅（Side Shell Chair）。

齐心协力经营着小店“KLALA”的泷泽夫妇。

用极简的颜色和物品营造让人身心放松的空间

“我喜欢的基本上都是工业风格的东西。像 Jielde（法国工业用座灯的一个品牌）、Tolix（法国金属椅的一个品牌）之类的。但如果光是这些东西的话，总觉得有点……所以就用植物、棉麻来营造柔和的氛围。”跟妻子一起经营着 life style shop（编者注：life style shop 是一种注重商品品质和生活品位的店铺）的泷泽如是说。

“想让家里像酒店一样清爽利落。”在店里被各种物品包围着的泷泽夫人说道，“这样说是有点夸张啦，但我们想尽量把充满生活感的东西收起来，让眼睛看到的都是自己喜欢的东西。”

精心挑选的家具，两人都中意的极富韵味的古物，再加上绿植和当季的鲜花，成就了舒适自在的室内装饰。

1 古物的陈旧感和植物的生机盎然相映成趣。2 植物不要都放在一处。让它们散落在各个角落更能制造出柔和的气氛。3 如果需要放在外面的东西太多，可以装饰一点鲜花来吸引视线。4 巴黎 Merci（编者注：Merci 是法语单词“谢谢”。Merci 是产自德国的蜜思特级巧克力，包装精致而低调，久负盛名）的纸袋搭配冈尼桉。桉树可谓是营造法国风的大功臣。5 与纯白的墙壁相映衬的孟加拉榕树。

VINTAGE AND PLANTS MAKE COMFORTABLE TIME

丹麦的复古沙发和古董门。灵感来自法国的公寓。

不要太多颜色，不塞入太多东西，留有余白，等等，正是这些看似不经意的原则营造出了如此舒适的空间。

厨房裸露的钢筋和管道。将植物吊起，充分凸显层高的优势。

案例 4

植物点缀的硬朗空间

用充满个性的植物来点缀简单而稍显生硬的空间

WATANABE 的家

枝叶优雅地伸向四周的短序鹅掌柴，非常适合装饰重心低而又宽敞的玄关。

1 在楼梯处装饰垂吊型植物。2 形状像驯鹿角的鹿角蕨。因为耐干，所以非常适合悬挂。3 海南蒲桃。虽名为蒲桃，但其实是接近桉树的品种，能够给稳重的空间带来轻松感。4 像咖啡店一样的厨房和餐厅。可以将厨具和植物一起挂起来。5 日用品经过简单的设计也散发着时尚的气息。

1

2

3

ROUGH
AND
NATURAL
GOOD
PLACE

4

5

客厅有一小块榻榻米。
植株较高的海南蒲桃，在有着出色层高的空间显得格外出挑。

根据专家的建议制订绿植计划，用植物来点亮空间

渡边先生将继承的老家的房屋进行改造，使之变身成了充满自身风格的住宅。他将天花板全部打掉，让房屋的钢筋构造暴露在外面。房间也不用墙壁隔开，而是利用地板的高低差来舒缓地切割出空间。

在这样 loft* 式的舒展的空间里，摆放着海南蒲桃、鹿角蕨、短序鹅掌柴等大小各异的个性室内装饰植物，裸露的钢筋也成为最适合悬挂绿植的地方。这，便是渡边先生的家，一个酝酿着轻松氛围的家。

负责房屋改造的是 eight design。这些与空间的氛围相映衬的个性植物，则是在 eight design 室内装饰 & 绿植店设计人员的建议下选择的。

借助专业的力量，渡边先生实现了美丽的绿色生活。

loft* 原意为阁楼。如今它被艺术家们赋予新的时尚内涵，指利用旧厂房打造的少有内墙隔断的高挑开敞的空间，已成为一种流行的家装风格。

探访者

平井 KAZUMI

花卉设计师。与丈夫一起在东京自由之丘经营了一家名叫“ikanika”的咖啡馆，并以此为据点，在全国范围内开设花卉设计教室。

她提出的“重视花草与空间、人与自然的关联”的生活理念大受欢迎。著有《花的装饰、生活的景致》等书。

《KINFOLK》这样的生活时尚类杂志在日本拥有众多拥趸。它的创办者 NATHAN & KATIE 夫妇的家，坐落在森林深处。

用老旧的木材和绳子搭起来的棚子、捡来的漂流木、跳蚤市场淘来的家具——家里弥漫着与周围的森林浑然一体的舒心气息。

家中装饰的植物大部分也来自周围的森林。夫妇二人在保持“森林之家”原生态的同时不忘凸显自己的个性，因为那里有他们平稳而多彩的生活。

NATHAN & KATIE WILLIAMS

NATHAN &KATIE WILLIAMS
《KINFOLK》总编

将森林中的时间记忆
融入日常的家居装饰中

散步途中邂逅的野酸梅枝。一起来分享森林的馈赠吧。

将刚刚采摘下来的野酸梅枝插到厨房的尾穗苋旁。

饶有兴趣地看着平井插花的 NATHAN 先生不时说道：“这个枝条太棒了！”

专栏 1

花卉设计师平井的波特兰探绿之旅

有机、本土化、DIY（Do It Yourself 的缩写，即自己动手做手工），美国俄勒冈州最大的城市波特兰因这些关键词而备受瞩目。

花卉设计师平井来到这个与自然和谐共存的街区，访问了居住在这里的三个家庭，寻找与古物、植物一起营造独特美感的秘诀。

植物的存在
让岁月静好

家里阳光最充足的地方——厨房。花了不少心思让人近距离地去感受季节和自然的存在：古老的木材和绳索做成的架子，生机盎然并生出根来的枝条，还有窗框上的鸟巢！

将捡来的枝条挂起来，或缠上藤蔓，或装饰上鲜花。在厨房，植物仿佛已经与这个舒适的空间完美地融合在一起。

食器基本上是白色或灰色。在颜色相对单调的厨房，用唐菖蒲来增添一抹亮色。

“NATHAN & KATIE 的插花方式跟我非常接近。”平井说，“花、植物并不特殊，而是和生活用具一起自然地存在着。这样处理植物的装饰方式我非常认同。”

客卧窗外是宽广美丽的森林。到访的客人能够尽情享受“森林之家”独有的气息。

客卧的枕边放上绿植：这便是 KATIE 的待客之道，饱含着对客人的诚意。

1 各种小物件放到铺满果实的碗里。2 玻璃瓶里插上羽衣甘蓝（叶牡丹），放到洒满阳光的窗边。3 随意堆砌的书也是室内装饰的一部分，再不经意地在旁边放上一盆植物。“这种植物自然地融入生活中的感觉非常棒。”平井称赞道。

客厅里插满了从森林里采摘来的黄栌。

1 厨房架子上摆满了世界各地的陶艺家的作品。日本陶艺家的也不在少数。2 浴室也装饰了很多植物。阳光透过高高的窗户照射进来，植物们也生机勃勃。3 小小的绿植让氛围平和自在。4 水果、厨房用具旁也随意地摆放着植物。有瑕疵的自制陶器被随意地使用着。

LILITH ROCKETT

陶艺家

用稍有瑕疵的自制陶器培植绿植和鲜花

六年前从洛杉矶搬到波特兰的陶艺家 LILITH 和丈夫一起对曾经“废墟一样的”家进行了改装。他们创造了一个自由而新颖的家——厨房的一角放着浴缸。“我们喜欢美食和沐浴，所以这对于我们来说非常正常。”看着他们的笑脸，平井有一种醍醐灌顶的感觉。

怀着这样想法的 LILITH，其陶艺作品却保持着简单的风格。用它们种植多肉植物、气生植物等个性植物，为生活增添色彩。

DAYNA MCERLEAN

酒店 & 饭店经营者

植物里有着家族的故事

为了加强波特兰地区的团体交流，DAYNA 经营了数家商店和饭店。而她的私宅则位于自己饭店的二楼，灵感来源是“曾经和九个人一起生活的大家庭”。为室内装饰增添色彩的艺术品和器皿大多是从家人那里继承而来的，似乎都在诉说着 DAYNA 对家人的思念和对亲情的珍惜。

平井用来插花的器皿也是“曾祖母曾经很喜欢的”玻璃水壶。

这里满是饱含着对家人的爱的室内装饰。这里的人过着有故事的生活。

1 简洁的厨房衬托出木材和石头的质感。当季的鲜花引人注目。2 将植物和从家人那里继承而来的东西陈列起来。“民族风的壶和镀锡铁皮容器是一个绝佳的组合。这个点子很有意思！”平井说道。3 盥洗室的墙壁。与艺术品放在一起的气生植物仿佛也成了一幅抽象画。4 平井把自己带来的绣球花精心插好后作为回礼。

满目绿植的波特兰

波特兰除了夏季之外大多是多雨的天气，非常适合植物和树木的生长。花和叶的颜色也因此异常美丽。植物散布在大街小巷的每一个角落。

平井要为您介绍她在访问咖啡馆和店铺时，以及在散步途中邂逅的，由各种植物营造出的美好景致。

湛蓝的外墙上满满的爬山虎让人印象深刻。爬山虎不仅给人带来视觉上的清凉感，更能遮挡夏日毒辣的阳光，让室内保持凉爽，既经济又环保。

DAYNA 经营的酒店 “the colony”。室内装潢是由古董店着手布置的：多肉植物的使用非常值得参考。

在波特兰最时尚的食品杂货店“woodsman market”门口，摆放着正在出售的蔬菜和花苗。

住宅区的转盘。这里种植了众多应季的花草。到了玫瑰开放的季节，一定会无比绚烂。

“The meadow”主要出售花、巧克力和海盐。花的种类都是我喜欢的。如果家附近有这样一家店，一定会经常去光顾吧。

在居民区散步，偶然遇到的路边的参天大树令人惊讶，树叶的颜色也非常漂亮。

在 Alberta（艾伯特）区偶然发现的园艺店“thicket”，拥有大量的香草和果树。

咖啡餐厅“dindin”的植物陈列非常具有参考价值。据说，店里植物的陈列方式每个月都会有所改变。

在“lowell”店内，不拘泥于形式、随意自然的插花方式非常棒。据说是店主夫妇的作品。

被店门口装饰着鲜艳花草的橱窗所吸引，不由自主地走进店里。这家叫“lowell”的店内，陈列着世界各地的民间艺术品及当地艺术家的陶艺作品和织物。

案例 5

家族的记忆

在总有怡人的微风吹过的地方，
被自己喜欢的东西包围着

ERICA 的家

在旧金山湾区和纽约拥有四家直营店的时尚设计师ERICA的家位于伯克利的高级地段。在这里可以俯瞰整个旧金山湾。所有房间的通风和采光都非常棒，放眼望去甚至能看到金门大桥。ERICA和丈夫及两个孩子就住在这栋令所有人憧憬的房子里。

与窗外的美景一起赋予这个家舒适感的是家里的各种陈列品。它们都是由ERICA凭借她独特的品味收集而来的：有故事的物件，幽静而富有内涵的古物，以及摆放在各处的植物。从这些收集来的“风景”中你能感受到主人的爱。

对于植物的装饰方法，ERICA的主张是：不做作，不生硬。“每次去喜欢的园艺店都会有新的收获。”不矫揉造作是让人身心舒畅的秘诀。

这是 ERICA 家的厨房。
白色的墙壁搭配天蓝色的储物柜，十分清爽。
喜爱的食器和植物更是让人平添几分愉悦。

绿植、切花不仅能给人以心灵的慰藉，更是家居装饰不可或缺的亮点

窗外的树木，窗边的绿植，以及从庭院里采摘来的花草相互映衬，装点着可爱又清新的厨房。

1 从三面大观景窗欣赏绿意盎然的庭院，宛如画卷。2 工作间的创意画板。到处都是孩子们留下的可爱创作。

3 明亮的窗边摆放着柠檬马鞭草（右）和翡翠木（左）。柠檬马鞭草不耐寒，所以冬天就把它放到阳光充足的温暖的窗边。4 生活中一个随意的场景也如同画一样美丽。5 插在简单容器里的绣球花。旁边放上花瓶和小物件，这就是艺术。

四处散落的是家族的记忆

1

2

3

4

5

1 了解 ERICA 喜好的丈夫和朋友送了很多“小盒子”给她作为礼物。这些东方风情的“小盒子”被放置在日式衣橱上，里面装着她的首饰。2 中国风的壁纸。静谧的花朵和美丽的枝丫让人心动。3 玄关飘溢着檀木的清香。花瓶里插着从院子里摘下的野酸梅枝。4 ERICA 的工作台。随意插上的树枝都洋溢着美感。5 这个角落的东西总会让人联想到酒吧和酒。

玄关被软树蕨（左侧的黄绿色蕨类植物）、灯笼海棠（右侧靠里）等各种盆栽包围着。"随意就是我的风格！"

案例 6

历史的传承

在这里感受家庭的温暖和历史的记忆

SANDRINE 的家

皮椅、布椅、藤椅及伊姆斯椅——所有不同风格的椅子，全部继承自祖父母。

1 窗外的风景。2 隔断工作间与客厅的桌子上，锦紫苏、酢浆草、丝苇等一字排开，宛如迷你花园。3 客厅一角。这里摆放的物品都有着各自的故事和历史。4 像爬山虎一样依附在白色墙壁上的，实际上是Tsé & Tsé associées 的灯具。它和天花板上垂吊下来的香茶菜，仿佛正在进行着愉快的对话。

位于巴黎东部的SANDRINE的家，在一座曾经是工厂的建筑内。夫妇二人自己规划隔断，按照自己的理想，建成了现在的家。

SANDRINE在网络上经营着一家杂货店，而自家各处的装饰品也都颇有讲究。其中最具特别意义的是“铭刻着家族历史的东西”：孩提时代就开始使用的储物柜、爷爷爱用的椅子，等等。“这些东西仿佛拥有魔法，只要在那里存在着，就让人感觉时光倒流。”

除此之外，SANDRINE对木头的质感也情有独钟。木头的温润感加上植物，赋予这个家勃勃生机。

当温润醇厚的木材邂逅娇艳欲滴的绿植

从厨房就可以看出 SANDRINE 对木头质感的喜爱。在木头的环绕中，绿植成为亮点。

1、2 选择白色的墙壁作为植物的背景，突出植物的清凉感。3 “因为喜爱木材，所以对木质砧板情有独钟。”在这里，各种形状的木质砧板像商品一样陈列着。SANDRINE 经营的网店“NEEST”内，有许多日本的厨具在售。4 大穿衣镜继承自祖父母。琴叶榕稳重的身姿与这个洋溢着怀旧气氛的角落格外协调。

案例 7

多彩的小世界

装满两人喜好的爱的空间

UMEMURA 的家

枝叶高高伸向天花板的枕果榕给餐厅带来了轻松感。

1 客厅的焦点——地毯，名为“田园”。“据说是以天空、稻谷、土地为灵感来创作的，我们很喜欢这个说法。” 2 卫生间的墙壁刷成了绿色，让人联想起草原。植物当树，Schleich（思乐）的动物玩偶围绕在树旁。3 多肉植物金盏花——非常中意它的形状。4 客厅的主角是 HALO 的沙发。从天花板上垂吊下来的盆栽宛如艺术品。

梅村先生的室内陈设丰富而又多彩，让人忍不住跟着兴奋。“我对冷色调的东西不感冒，所以不知不觉就买了很多明亮颜色的东西。”

在这个有趣的空间里，聚集了很多珍稀的植物：颇具存在感的枕果榕，多肉植物金盏花等，仿佛艺术品。

梅村认为，家居装饰和陈列没有特定的规则。但是夫妇二人不会轻易妥协，他们会坚持寻找，直到找到中意的东西为止。他们理想中的家并不是像样板间那样没有生活气息，而是应该有着杂乱的美感。“我们一直在想，怎样才能让家变成理想中的那个样子呢？后来发现，只要家里都是自己喜爱的东西，那么东西再多也不会影响舒适感！”

案例 8

随性的享受

不做减法，没有规则，
尽情享受生活

HAYAMI 的家

这是家中陈设的主角，
Tsé & Tsé associées 的
花器与玫瑰。

这里将介绍在北欧风格家居店“nordico”工作的速水夫妇。

圆子常对店里的员工说她要学会做减法。但她自己家却不是这样的。“我们正随心所欲地装点这个家。”圆子说道。

家是为了生活而存在的，所以夫妇俩并不刻意去隐藏它的生活气息。自然地去面对自己喜欢的东西，尽情地去享受生活。

从到处摆放的绿植和切花也能充分感受到夫妇二人随性的风格。他们虽然在喜欢古物、怀旧风格的东西这一点上基本相同，但其他方面的品味略有差异，如男主人喜欢北欧、美式风格，而女主人则对法国风情情有独钟。

作为家居店的工作人员，夫妇二人掌握了许多专业的家居装饰技巧。例如将相似风格的东西放到一起，用颜色来统一，等等。利用这些技巧，他们创造出了一个拥有绝妙平衡感的时尚空间。

1 壁炉上放上一面镜子，灵感来自法国公寓。2 茶色砖墙刷成白色，让它呈现出破旧感——这便是夫妇二人喜欢的艺术。3 剪下的五叶地锦插在瓶中。这样简单的一枝藤蔓让这个角落充满了生气。4 餐厅的墙壁刷成灰色，营造出雅致的氛围。5 以从外国杂志上看到过的一张图片为蓝本，在北欧风格的复古家具上方安装自制的书架。

案例 9

纺织品和绿植的混搭

瑞典纺织品和绿植——成人的色彩游戏

MICHIDA TOMAS 的家

在宜家的红色餐具柜上方摆上白掌（右）和绿萝（左）。墙上装饰着 Marimekko 的版画。

1 客厅淡蓝色墙壁上挂着以蓝色为视觉焦点的布艺版画。书架上的迷你龟背竹和葡叶吊兰，与画中的绿色遥相辉映。2 桌子上摆放的插花是虎眼万年青。3 工作间的墙壁上挂着白桦和竹子图案的挂毯。4 床头的照片墙上挂着充满了回忆的照片。

这里将介绍来自瑞典的建筑家TOMAS和经营杂货店“loppislabo”的圣子小姐。

TOMAS以避暑山庄为蓝本设计了现在的家。窗外满眼的绿色，阳光从窗户洒进来，让整个家显得明亮又清新。这是一个北欧风格满溢的家：北欧风的家具、布艺，再用植物加以点缀。

圣子拜访TOMAS的家乡——瑞典时，深深被家居装饰中的纺织品所吸引。“为了能开心在家度过漫长的冬季，需要丰富的颜色和花纹。将复古的和新的东西分开使用，覆盖家的每一个角落。”

而绿色植物和鲜花则将这些布艺织物衬托得更加美艳。北欧的布艺中有很多植物图案，布艺与植物相互映衬、相得益彰。

案例 10

三色空间

在节制使用色彩的静谧空间，植物带来生命的气息

UENO 的家

这里将介绍住在纽约布鲁克林区的散文家、艺术顾问——上野朝子。

上野朝子住在Park Slope（公园坡，纽约的一个社区）的一座拥有130年以上历史的建筑里。而Park Slope的街景就算在人气城市布鲁克林，也是数一数二的美丽。

“古老的建筑有它独特的氛围，但是缺点是收纳空间有限。”喜欢简单清爽的室内装饰风格的上野如是说。“既要保持这个氛围，又要让家干净整齐、适合生活。因此，在进行室内布置时，家具的大小、颜色、形状、位置等都是经过反复选择和试验，才打造出现在这个样子的。”

颜色的甄选是重点。用米色、灰色、黑色来塑造清爽简洁的空间，再装点上植物和当季的鲜花，打造出舒心的空间。

黑和白构成沙发的基本色调。储物柜上方用白色调来统一。白色的风信子是亮点。

1 从飘窗看出去的风景装点了客厅和餐厅。“基本色”的搭配，加上琴叶榕（窗户右边）、鹿角蕨（暖气片上面），整个空间变得更有韵味。而粉色的芍药则让空间瞬间生动起来。2 卧室的桌子也用芍药来装饰。3 随手放上的一根树枝却宛如艺术品。4 客厅的壁炉上是一个装饰点。用同色系的小物件营造出怀旧的氛围，再装点上小小的盆栽。5 浴室也用绿植来装饰。

案例 11

日用品与绿植

让平常爱用的物品成为室内装饰的一部分

YAMAUCHI 的家

在二手店淘下来的展示柜。用它将育儿物品进行陈列式的收纳。孟加拉榕在一旁温柔地守护着这一切。

山内先生的家总是被一种令人陶醉的温柔气氛所包围着。这是因为，视线所及之处都是扫帚、茶壶、牙刷、杯子之类的日用品。

“装饰品的主题是‘拿起来就能用’。”正如他所说的那样，生活中会用到的普通的物件，自然地与室内装饰融合在了一起。

静静伫立在这些日用品旁边的是榕树、豆瓣绿、五叶地锦、猴耳环、绣球花等植物。可爱的罐子，极富韵味的花盆，又或是经过改造的铝制水桶和空罐头瓶：林林总总的物件装点出了一个带着杂货店感觉的空间。

起居室和餐厅的主角——古老的展示柜里，装满了孩子们的玩具和洗护用品，既完成了收纳，也成了一种装饰。自然的素材和色彩和谐统一，排列整齐，构成了一个仿佛商店一样的完美角落。

随意插上的芍药，一旁是静静绽放的绣球花。

1 走廊一角放上猴耳环，清凉感扑面而来。2 在盥洗室的牙刷、化妆品旁，放上豆瓣绿。装豆瓣绿的罐子和古老的时钟是再好不过的搭配。3 LD 的展示柜上面，孩子的洗护用具（如棉棒等）都收在可爱的盒子里，再搭配绣球花，一切都显得那么可爱。4 在散发着复古风的马赛克砖墙的一角，摆放着古老的玩具和装在罐子里的五叶地锦。5 榕树为客厅的窗边增添了一抹绿色。

案例 12

让植物成为装饰主角

让最爱的绿植成为主角！灵感来自法国的植物园

K 的家

法国古董门让“植物园”的氛围更为浓烈。

1 厨房里，用水养着吃剩的红薯和樱桃萝卜。“不是养着吃的，是拿来看的。”2 当季的鲜花与石灰墙面相互映衬。3 裸露的水泥墙壁、工业风格的储物柜、做花瓶用的量杯——粗糙冷酷的背景，充满个性的植物，打造出一个极富艺术感的空间。4 花盆也用铁或石头材质来实现素材感的统一。5 来自法国邮局的展示架，用来收纳书、小物和展示绿植。

这里是K先生的家。大大的窗户，充足的阳光。家里日照最好的地方摆满了植物。这是一个有着法国植物园气息的家。

据K说，自从小学时领略到培养植物的喜悦开始，他便一直沉醉于植物的魅力中。家里甚至还有几盆从那时候起就一直生息繁衍着的绿植。

对植物有着异乎寻常的爱的K，做室内装饰设计时首选的主角自然也是植物。“原本我就喜欢铁呀石头呀那种有质感的或者是古老的欧洲风的物件。这些东西跟植物都很搭。不知不觉就发现家里的氛围变得像法国的植物园，或者更像植物博士的研究所。”

案例 13

随性自然的装饰

随意摆放的不完美物件，还有植物的陪伴

ANDO 的家

室内装饰基本上是由古老的物件构成的。餐厅是重头戏。

1 在这个会让人误认为是仓库的、称不上精致的角落，装点着带着秋天气息的绣球花。那一抹淡淡的颜色，将背后的墙壁和储物柜串联成了一个有内容的生动空间。2 客厅飘窗上半边莲和冈尼桉的混栽，是和孩子们一起种下的。复古的容器里放着芦荟。3 混凝土的墙壁作为背景，摆上古老的物件，这种粗糙感让厨房有种不寻常的帅气感。4 随意插在瓶子里的马醉木，跟各种小物件营造出的氛围融为一体。

东京中目黑的古董店“JANTIQUES”。丈夫担任买手，妻子负责销售。到访过这里的人，如果见到这个用随性自然而又富有韵味的家居用品装点的家，一定会点头称赞。

这个家极富个性，让人感觉不到这是一个公寓。房间里满满的都是让人兴奋的元素。

“实际上，我是不擅长装饰的。太过刻意的话会显得不自然。所以我只是简单地把东西放在它应该在的地方或者感觉比较合适的地方。”女主人说道。

在随意堆放着杂货的角落，插上马醉木的枝条。石头墙壁上，挂着带着秋天气息的渐变的绣球花。窗边，植物在古董容器中，如杂货一样摆放。——植物们也找到了最适合自己的安身之处。

案例 14

绿植点缀的柔美空间

在枝繁叶茂中沉醉，
为简单的空间添几分柔美

MATSUE 的家

松江先生说："简单的白衬衫和牛仔才更需要讲究材质和剪裁。" 实木地板，白色的墙壁，充分利用木材的质感精心装饰的空间，就像穿着舒适的衣服一样让人感叹。

为这样舒适得体的简洁空间锦上添花的是琴叶榕、发财树等，那些树枝或叶子的形状比较独特的绿植，如同富有品味的首饰一样给空间以点缀。同时，也能缓解空间因过于简单而带来的紧张感，给严肃的空间带来轻松的感觉。

常用的清洁用具收到壁橱中。文具之类的使用完后主人一定会花时间把它们收拾好，这已经成为一种习惯，"这样做心里会比较愉悦。"

生活方式也好，房间的装饰也好，都以"舒服"为第一准则。在这里可以明显感受到主人这一坚定的生活理念。

两人结婚前就喜欢上的 Truck 的 FK 沙发，成了客厅的主角。

2

1 既是收纳工具，也是艺术品。2 木质操作台、铁质柜门，别具一格的橱柜。3 阳台小花园种植着各种香草（迷迭香等）及蔬菜（迷你小番茄等）。和男主人有渊源的园艺工具品牌 Mondoverde 的布艺花钵深受喜爱。4 高高的天花板下，发财树格外引人注目，伸展的枝叶，与地板材质绝妙融合的花盆套，清爽的气息扑面而来。5 琴叶榕的柔美线条给直线空间带来了轻松感。大部分的绿植都购自神户的“GREEN GUERRILLA DEPOT”园艺店。

案例 15

充满异域风情的空间

温暖的民族风情，
狂野的工业气息及植物

I 的家

1 简洁的 DEMODE 9 落地灯打造了一个略显现代风的空间。2 工业风格的工作间里，摆放着千年木，干爽的空气令人备感舒适。3 窗户外，人气公园的绿色景致一望无际。正因为中意这个场景，所以才拜托 RYO ASO DESIGN OFFICE 改造了这套二手房。4 日照充足的窗边摆放着仙人掌——姬吹上（中间）、香草（右），再摆上喜欢的珊瑚小物件。

“我们喜欢洋溢着生活气息的、并不那么精致的、不需要费力去营造的氛围。”主人说道。工业风格的钢制物件和英国的古老桌子构成的居所，成为一个杂糅着欧洲沉稳气息和西海岸干燥空气的舒适空间。

四处摆放的花和多肉植物，艺术品一样的吊钟花枝叶，赋予了硬质装饰以柔和感和清凉感，更平添了几分居住的舒适感。

两人打造的室内装饰的独特之处便是那些在旅途中发现的可爱的小物件。土耳其的地毯、美国自由市场上买来的叉子工艺摆件、欧洲各地的雪球等。这些有故事的小物品，温柔守护着两个人的生活。

姿态优美的吊钟花枝条，非常适合作为室内装饰植物。

案例 16

粗犷的温柔乡

绿植让这个充满工业风格的空间拥有了一种柔和的气质

YAMASHITA 的家

1 古老的木质集装箱变身为书架。随意地放上薰衣草。黄栌的干花宛如艺术品。2 阳台摆上花箱，俨然一个小小花园。3 厨房摆放着蓝莓。因为耐阴性很好，所以带果实的枝叶可以放在室内欣赏 1~2 周。4 在客厅放置长椅的角落摆上海南蒲桃，令人仿佛置身室外。5 铁质鞋架用一株常春藤来点缀。

在工作之余，制作皮革小物的搭档——山下夫妇，住在咖啡馆一样漂亮的家里。家里有很多隔断窗和工业风格的小物件。

复古的家具、照明工具带来的粗犷氛围和可爱的小物件绝妙地融合在了一起。而四处摆放的绿植，则给家增添了柔和的气氛。

在邂逅了Scissors Lamp（装在墙上的可伸臂的照明灯）之后，山下便为古老的工业产品所倾倒。“设计巧妙，完全没有多余的设计。”男主人说道。零件可全部从美国、法国的网站上购入。

“如果只有工业品，会让人有冰冷的感觉。所以我们会搭配植物及带有动植物图案的东西来给空间带来柔和感。”

在硬朗风格的客厅放上一盆孟加拉榕，清凉感扑面而来。

案例 17

家具和绿植打造的灵动空间

用悬挂或摆放的绿植来点缀自制的家具

FUNAI 的家

开放式的收纳和悬挂的绿萝造就了漂亮的厨房。

这里介绍利用自己擅长的DIY来进行室内装饰的船井先生的家。

客厅的抽屉式的茶几、用木材拼接的收纳柜、工作间的长凳，全部都是船井先生的DIY作品。他还会把老家具进行改造或重新喷漆，想出各种点子来享受室内装饰的乐趣。

“因为老是找不到自己想要的设计风格和尺寸的家具，所以就干脆自己做或者改造了。”

而为这个自制家具组成的家增添色彩的便是各类绿植。小的混栽盆栽很有杂货店的感觉，大的盆景则成为房间的主角，或将它们悬挂起来追求轻松感，或将个性的植物像艺术品一样摆放，物尽其用的绿色植物赋予了空间更多的灵动感。

1 漆成蓝色的桌子、悬挂的五叶地锦与自然风格的空间相映成趣。2 盥洗室的展示收纳架。毛巾、提篮等，收纳的同时也是一种装饰。一株绿植足以成为焦点。3 高耸至天花板的孟加拉榕是客厅的主角。4 厨房的收纳架上摆放的小小的绿植（常春藤和马蹄金银瀑的混栽）带来轻松的感觉。5 拼接花纹的柜子上装饰的天门冬宛如艺术品。

案例 18

古老的杂货与绿植

如梦似幻的花园生活，
用室内装饰打造治愈空间

KOBARI 的家

喜欢摆弄花草的建筑家小针先生，“无论如何也想在城市拥有一个带庭院的家。”所以购买了现在这个有着专属庭院的古老公寓，自己对它进行了重新的设计、装修。

“我希望屋里屋外都是绿色。院子还完全没有修整好，所以现在主要忙着室内植物的装饰。”

绿植或悬挂于古老的房梁和天花板，或放置于架子和地板上。小针先生充分享受着这怡人的绿色生活。

除了植物，小针先生的另一至爱是古老的家具和杂货。深深浅浅的绿，古老味道的家具，交织酝酿出治愈系的氛围，舒适得让人不想离开。

1

2

1 房梁上挂着金属的鸟笼和白粉藤。在东方风情的氛围中，心灵得到了治愈。2 春羽搭配松果，打造自然的陈列风格。3 苦苦寻求涂漆古典家具，最后终于邂逅这个餐具架。搭配颜色生动的花和花盆，法国风情让人沉醉。4 柔和的阳光洒向窗边。窗边的植物：春羽（左）、*Ficus umbellata*（编者注：一种热带的观叶植物，尚无确切的中文译名）（右）看上去让人心情舒畅。5 在古董家具的旁边，放上颇具存在感的榕树。

3

4

5

案例 19

绿荫下书香满溢

宛如绿荫下的图书馆，
学院风的绿色生活

HONMA 和 TAKAHASHI 的家

1 厨房摆放着有关食物的书籍。2 日照最好的空间留给植物。3 另一个主体书架是 Truck 的木质书架。书架前放上书桌，是工作或者想写点东西时最理想的空间。4 摆放着法国哲学书籍的角落，用字母“philosophy”来装饰。5 窗边是迷你“植物园”，摆满了天竺葵、马蹄金银瀑、榕树等珍稀植物。事实上，这里有一个隐藏的书架，摆放着不太想让别人看到的书。

这家的主人是在大学教授哲学的本间和高桥。家装方面，植物自不必说，但这里的主角还是书。“我们希望家里到处都是书，想在喜欢的地方随手就能拿起书来读。”抱着这个理念，他们改造了这个二手公寓。

将 4 室90平方米的公寓改造成一大间。并在两处放置大书架，其中一个为壁橱式，这样即使放入大量的书也不会有压迫感。“灵感来自在国外见过的一个书架。”

在这个仿佛图书馆一样的空间，茂盛的猴耳环也在诉说着它独特的存在感。而对于高桥来说，没有比坐在树荫下读书更惬意的事情了。他喜欢将室外的空气自然地融入家中，营造出舒适的感觉。

主要的书架。枝叶繁茂的猴耳环宛如大树。

案例 20

自然之风

塑造舒适空间的秘诀：张弛有度

DEKI 的家

客厅一角摆放着带白斑的鹅掌柴。

DEKI是主营礼物的杂货店“carbon”的老板。他的家由建筑年龄100年的长屋改造而来。家中的装饰采用了中性风格，让人眼前一亮的同时又会感到轻松自然。

将有着草坪庭院的“新式建筑”改造成自然风格的家。“闪闪发光的实木地板，光滑的室内门，有吊柜的厨房……这些都是我想要的。”再搭配简单的家具和植物，一个完美的家就诞生了。

为了让家里的每一个角落都能沐浴到舒服的阳光，主人在房间的格局和窗户设计上下足了功夫。地板大量使用橡木，有些地方装饰上与家具配套的古老木材。“通过开放式架子和室内窗户来增添个人色彩。”

他说，张弛有度是塑造舒适空间的秘诀。

1

2

3 4

1、4 餐厅一边，静静摆放的多肉植物（景天、虹之玉）。2 与走廊正对的展示架。自然光柔和地照进来。绝美的舞台只用来展示自己最喜欢的物件。3 夏威夷人偶和南国植物红树一起营造了一个热带风情满溢的空间。

案例 21

咖啡馆风格的室内装饰

从钟爱的咖啡馆得来灵感，打造令人身心放松的空间

NAITO 的家

1、2 装有吧台的窗边，左右各放着一枝鲜花：虎眼万年青（右）、花毛茛（左）。旁边的花盆里是纽扣玉藤。“鲜花和绿色植物，随意摆放几处比大量堆砌更能带来轻松的感觉哦。” 3 在富有个性的椅子和落地灯旁，摆放着姿态独特的琴叶榕（右）和碧雷鼓（左），营造出洋溢着艺术感的空间。4 镀锡铁皮罐里装上五叶地锦，用来装饰墙壁再合适不过了。

窗边长长的吧台和书架让内藤的家仿佛时尚的书吧一样。“这个吧台复制了一个我喜欢的咖啡馆的场景。我因为太喜欢那家店的氛围，所以让他们把设计师介绍给我，为我改造了现在的家。”男主人如是说。

用粗犷的木地板和复古风的架子来点缀，保持这座有着30年历史的公寓的时代感，从而完成了这样让人感觉无比舒适的咖啡馆风格的室内装饰。

进一步渲染咖啡馆氛围的是美丽的切花和充满个性的绿色植物们。把它们放在吧台的窗框上和窗边的书架上，或是放在易拉罐中装饰在墙壁上均可。就把它们当成艺术品来欣赏吧！

自由又有趣的植物装饰出自在花店工作的女主人之手，其中的许多方法都是可以参照的范本。

（从上至下）薜荔、碰碰香等，摆放在阳光充足的窗边和书架上。

案例 22

花园般的家

在家中享受园艺的乐趣

FUJII 的家

（从左往右）：橄榄、羽叶薰衣草、绣球花、*Eremophila*、奥勒冈、牛至、紫盆花、千叶草（架子下）、麻叶绣线菊。

曾经的御好烧（大阪烧）店，经过改造，成了藤井先生现在的家。促使他买下这个房子的关键是屋顶的平台和四四方方的外观。将它重新漆成白色，装上古董门，二楼的窗户装上花箱，立刻变身为巴黎的公寓！

花箱中种满了很容易买到的常春藤。自己可以从二楼的窗户来欣赏，而往来的行人也能一睹这绿植之美。

庭院部分铺上了水泥，并增设了一个可以尽情享受园艺的露台。女主人说，因为从房间内可以看到，而且进出方便，所以有一种与室内融为一体的感觉。木质箱子里和复古的架子上，摆放着橄榄、羽叶薰衣草、绣球花、千叶草等。再加上自制的围栏，让这里成为家人的最爱。

1 怀旧设计的街灯。昏黄微弱的灯光与房子漂亮的外观相得益彰。2 二楼窗户用花箱来装饰，混种了两种常春藤。3 装了花箱的窗户边的吧台。在室内也能欣赏到绿色的美景。面前的花盆里种着铁线蕨。4 仿佛巴黎的小店一样的女主人的工作间。用简洁的内饰突出作品的存在感。

案例 23

古董家具和绿植装点的欧式田园风

时间缓缓流逝，
经历了岁月洗礼的物品和植物

IGA 的家

入户花园陈列的植物让人不禁想去探寻它们背后隐藏的故事，
右边是发财树，左边为千年木和常春藤的混栽。

1 友人赠送的托盘中放上草花，寄托对朋友的思念。2 从花盆中伸出来的常春藤的藤蔓沿着窗户攀爬，为古董杂货增添了一抹亮色。3 古老的植物图鉴。不用画框，质朴地装饰到墙上。“我们喜欢直接用大头针固定到石灰墙上。喜欢这种随性的装饰方法。” 4 因玫瑰和香草而分外美丽的庭院。“因为日照条件不太好，所以不用浇太多次的水。” 5 玄关摆放着橄榄和多花素馨，宛如法国的小别墅。

1

2

3

4

5

在建筑公司工作的设计师伊贺，他的家是按照自己擅长的欧洲田园风格布置的：实木床、粉刷过的墙壁和古典家具、杂货很好地融合在了一起。

紧连着玄关的入户花园贴着赤土陶瓷砖。古董杂货和各种植物一起在这里迎接客人的到来。“这里可以通向室外。所以想用植物来做内外沟通的桥梁。”

伊贺先生初次邂逅古董时就为它们的魅力所倾倒：“仅仅是看着它们，就觉得内心的感受变得丰富起来。”所以，古董家具自然成了家里装饰的主题。

经历了岁月洗礼的物品与植物搭配起来极为和谐，因此植物成了室内装饰中不可缺少的重要一员。

玫瑰与香草给庭院带来了丰富的色彩，而这个院子也成了整个家的亮点。生活在这样的家里，对古董和植物的爱会越来越深吧！

专栏 2

家中的绿色装饰法

并不只是简单地将植物放在地板或者架子上，
而是将它们和杂货一起悬挂，
让它们爬满墙壁，
抑或是在厨房旁边种上水培香草、蔬菜。
让我给您介绍一些特别的装饰方案吧。

松田行弘
东京自由之丘 “BROCANTE” 的老板。经营古董的同时也从事庭院的设计和施工。由他设计的法式庭院颇有人气。著有《与绿色共生的 BROCANTE STYLE》《BROCANTE STYLE 的庭院养成法》。

“不要将园艺和植物装饰想得太过复杂，最重要的是要学会享受它。”松田先生告诉我们。就算没有庭院，也可以轻松地从一处小小的空地开始。“水培介于切花和土培之间。虽然培育时间较短，但如果能试着去做，去实际体会那种感觉就太好了。”

栽培的乐趣，再加上装饰的乐趣，让植物变得与人更加亲近。“让植物和杂物一起成为装饰的一部分，或者栽培蔬菜做成料理，都是我推荐的方式。”

似乎可以说，像这样不经意地把绿植融入生活，才是享受家庭园艺和室内装饰的真谛。

方法1

用篮子悬挂的植物生机盎然

宛如商店一角的“悬挂”展示。看上去好像需要高超的技巧，实际上却非常简单：将黑胶盆放入手提篮中，用麻绳吊起即可。推荐的植物是水苔栽培的兰花。

浇水的时候，只需连盆一起拿出并打湿，花盆底部不需要开孔，也不需要接水盘。

搭配鸟笼风格的工艺品，一个颇有韵味的角落呼之欲出。

有着些许特别味道的兰花看上去似乎比较难把握，但实际上，兰花一年四季都可入手，而且其中不乏生命力强、容易打理的品种。
将兰花放置在向阳处，5~9 月水苔干涸时，浇足水。夏季应经常喷雾状水。冬天控水。
右边两盆为蝴蝶兰，左边为鹿角蕨。

1
RINE
2
préparée pour
3
4
5
FRAGILE

方法2

多肉植物和古董罐子的绝妙搭配

耐干的多肉植物因为不需要经常浇水，所以拥有绝妙的杂货感，能很好地融入室内装饰中。这也正是它的魅力所在。将空罐子的底部开一个孔，并用盖子做接水盘：一个原创花盆诞生了！古董的陈旧、饱经风霜的感觉与多肉植物相得益彰。

一起摆放的艺术品也应用同样的风格来统一。

\ 推荐 /

Senecio serpens

蓝松（万宝）

正如它的英文名字 blue chalk stick（蓝粉笔）那样，这是一株细长的拥有美丽叶片的绿色多肉植物。没有光的话颜色会变差，如果环境好会开白色的花。

\ 推荐 /

Sedum 'Alice Evans'

春萌

叶尖稍稍带点红色的浅绿色多肉植物。春天开星形白花。一般可以同其他多肉植物一同种植。推荐作为混栽品种。

多肉植物种在古董罐子里，跟复古的木箱和纸盒搭配在一起。虽然多肉植物基本都可以放在室内栽培，但最好还是放在日照比较好的地方。春、秋两季大量浇水，冬天两周浇水一次。1 翡翠盘：属于龙舌兰的一种，但不同于一般的龙舌兰，这个没有刺，可以放心种植。2 月美人：如果日照不好，容易有生长缓慢或掉叶子的倾向。3 白花小松：放在日照较好的地方，夏天会开星形的花。4 爱染锦。5 暮色：要注意不要放在高温多湿的地方，忌浇水过量。春季到秋季请放在通风良好的地方。

方法3

剪枝装饰 DIY

这种培育方式跟插花一样简单，只需要把垂吊型观叶植物剪下来插到水里，茎上就自然能长出根来。把插在罐子或者瓶子里的藤蔓挂起来，打造青翠欲滴的室内装饰。

Hedera helix

常春藤

这就是常说的常春藤。有各种品种：带白斑的、叶片较小的等。喜阴耐寒，生命力强。适合初学者。

Parthenocissus sugarvine

地锦

它拥有花瓣一样的叶子和柔软的藤蔓，是非常受欢迎的品种。放在阴凉处也可以，但光线太暗生长缓慢。所以应该尽量放在明亮的地方。

Hardenbergia violacea

紫哈登柏豆

它的生命力非常强，不容易长虫，是易于培养的品种。就算在阳光不好的地方也能开出少量的花。叶片较小，适合喜欢柔和氛围的人。

Jasminum polyanthum

多花素馨

它在藤蔓型植物中属于比较紧凑小巧的类型。四季常绿，但太冷的时候叶子容易掉。冬季放在阳光较好的屋檐下更利于生长。

方法4

阳台园艺：让藤蔓爬满墙壁

把藤本植物摆放在阳台或者玄关，会营造令人惊艳的美景。如果是开花的品种更是能让阳台瞬间华丽起来。选择时，诀窍是挑选在摘芯打顶后仍然能开花的品种。

种植在稍大的花盆里，让藤蔓在建筑用的钢筋上缠绕，即使在较小的空间也能实现。

铁线莲种植要点是冬季打顶，保留30厘米左右的枝干。营养状态不同，花的颜色也会发生变化。

用流行的绳结做的悬挂工具来展示植物。生动的色彩让这个角落熠熠生辉。绳结自己也可以轻松编成。

芒毛苣苔在阳光不太好的地方也能生长。枝干长势良好的话，春天会开出充满异国风情的红色花朵。

方法5

用水培法来享受厨房园艺——好看 & 好吃！

厨房四周摆满了可以用于做料理的植物，当然还有香草。推荐把吃剩的蔬菜用水培法养起来。可以种植水田芥、香菜等，稍微放一点就能让料理大不相同。栽培方法非常简单，只需将专用的土和根部防腐剂放入玻璃容器中，再插入植物即可。

水培的蔬菜能维持的时间较短，因此可以多摆放一些喜湿的观叶植物和香草，让厨房随时都保持生机。

1 螺旋灯芯草：就算在阳光不够充足的地方也可以生存。生动的表情给人带来好心情。

2 小葱：非常适合水培的球根植物。种植 10 天左右就能长到约 30 厘米。

3 香菜：买的时候尽量选择带根的，保留 1~2 片叶子插到水里，新芽会从叶片根部长出。

4 水田芥：将超市买来的水田芥，保留底部的 1~2 片叶子插入土里，新芽会从叶片根部长出。

5 小萝卜：根茎类植物只需将小部分茎放入水中，很快就能长出新根。

6 豆芽：一般为豌豆的嫩芽。操作简单，可以从豆子开始培育。

— 推荐 —

Mentha suaveolens

苹果薄荷

它有着苹果一样柔和的芬芳。薄荷类基本上都易于打理。另外，对日照要求不高的胡椒薄荷和喜湿的水薄荷也非常推荐。

Chondropetalum tectorum

帚灯草

帚灯草原产于南非，类似于日本的芦苇，可用于铺房顶。独特的细长外表很容易成为空间的焦点。应放置于阳光充足的地方进行栽培。

方法 6

五彩的花盆与当季鲜花的完美组合

人们在选择花盆时往往倾向于选择简单、基本的样式。但如果用彩色塑料盆来搭配开花植物，不失为一个新鲜的选择。用同色系、色调来统一，打造一个让人眼前一亮的角落。

暖色系、冷色调、充满春天气息的颜色、清爽的夏日色彩等，决定好各种主题，并将相同主题的花摆放在一起。

1 柳穿鱼：生命力较强。可以放在日照稍差的地方。

2 铺地锦竹草：叶片有肉，较厚，但不是多肉植物，而是鸭跖草的一种。

3 蓝眼菊：喜日照。但应避开夏日西晒。

4 旱金莲：喜日照，花期长。花和嫩叶可食用。

5 花毛茛：秋季种植的球根植物。枯萎的话挖出来进行干燥后可以重新种植。

6 碰碰香：叶子有芳香，为多肉植物少有。可用于料理。

Matthiola incana

紫罗兰

较耐寒的半耐寒性一年生草本。喜日照，是较为容易培育的品种。除了照片中花瓣较多的重瓣，还有清丽的单瓣。

Aquilegia ecalcarata

无距耧斗菜

不耐热。种植要点：夏天应保持半天在阴凉处。因为是宿根花卉，即使植株干枯，根还活着。春天又可发芽，5~6 月开花。

日本关东、关西高品质绿植店

在这些魅力绿植、鲜花店，
提升室内装饰品味的绿植、花盆、工具应有尽有！
让我们以关东、关西为中心，为您介绍话题和人气店铺吧。

关东

被视为时尚绿植店先驱者的 BURIKI NO ZYORO。店内陈列着法国的古董、杂货以及各种各样的植物，可以作为室内装饰的范本。这里摆放了很多人气多肉植物的玻璃盆栽（左图）。店主胜地先生出版了《绿植、多肉植物、气生植物大改造》等多本绿植相关图书。店铺也有他浓郁的个人风格。

BURIKI NO ZYORO

东京都目黑区自由之丘 3-6-15
☎ 03-3724-1187
10：00~19：00 全年无休
http://buriki.jp

AYANAS

很多植物连同花盆一起出售。个性植物品种丰富。店主会给出绿植与室内装饰的搭配建议。这是值得信赖的店铺。

东京都狛江市东野川 3-17-2
狛江 hightown 2 栋川室
☎ 03-5761-5512
13：00~19：00 周日休息
www.ayanas.jb

BUZZ

宛如温室一样的店内摆放着种类众多的植物。有体形较高、枝叶开阔的植物，也有只有绿植狂热爱好者才知道的稀有品种，花盆种类繁多。该店男性拥趸众多。

东京都涉谷区惠比寿 3-41-9
惠比寿台 heights 1F
☎ 03-3444-7901
11：00~19：00 周二休息
www.buzz-style.com

BOTANY

小店位于东京世田谷 DULTON SHOWROOM 的 2 楼。店内仙人掌的种类丰富。店家会耐心为客人提供培育方法及装饰方面的建议。

东京都世田谷深泽 4-8-13 2F
☎ 03-5758-7566
11：00~22：00 不定期休息
www.pancow.com

LE VÉSUVE

花卉设计师高桥郁代参与经营的店铺，主要经营当季鲜花。店内的陈设可以作为家装参考。

东京都港区南青山 7-9-3
☎ 03-5469-5438
11：00~18：00 周二休息
www.levesuve.com

关东

BIOTOP NURSERIES

都市园艺家斋藤太一领头的“solso”策划经营的绿植店。店内有各类品位不凡的花盆和其他园艺工具出售。

东京都港区白金台 4-6-44
Adam et Ropé Biotop 1F
☎ 03-3444-2894
11：00~20：00 不定期休息
www.biotop.jp

IDÉE BOTANIQUE

因为是家装店“IDÉE”着手经营的绿植店，所以有许多适合室内装饰的植物品种。店家会为客人提供栽培和装饰建议。

东京都目黑区自由之丘 2-16-29
IDÉE shop 自由之丘店 1F
☎ 03-5701-7555
11：30~20：00
（周六、周日、节假日 11：00 开始营业）
全年无休
www.idee.co.jp

NEO GREEN

店主亲自到古董市场寻找日式器皿，搭配观叶植物、盆栽销售。还有各类与植物相关的书籍。

东京都涉谷区神山町 1-5
green hills 神山 1F
☎ 03-3467-0788
12：00~20：00 全年无休
www.neogreen.co.jp

.MOSS

店主老家也是经营盆栽店的，因此店内的盆栽种类非常丰富。青苔和香草的混栽很有人气。

东京都杉并区西荻北 3-4-1
日向公寓 103
☎ 03-3395-8717
11：00~20：30 周二休息
dotmoss.com

GREEN GALLERY GARDENS

内设市场、杂货店、酒店的大型店铺。从植物幼苗、成熟植株到花盆等园艺商品、古董杂货，一应俱全。

东京都八王子市松木 15-3
☎ 042-676-7115
10：00~20：00 全年无休
www.gg-gardens.com

GREEN GUERRILLA DEPOT

建筑设计事务所经营的店铺，为植物打造了充分的陈列空间。有很多形状奇特的珍稀品种。

兵库县神户市中央区荣町通 6-1-14
☎ 078-381-5907
11：00~18：00（周日营业至 17：00）
周三休息
greenguerrilla.jp

关西

PLANTS PLANTS + PLUS FLOWERS

在如同阳光房一般舒适的店内，普通品种，珍稀品种，应有尽有。旁边还同时设有咖啡店。

兵库县西宫市神园町 1-18
口袋公园 1F
☎ 0798-73-1236
10：00~18：00 全年无休
www.plants2.com

风雅舍

拥有一大块可以进行植物展示的花园。园内有苗木、花盆、野花，更有自家公司培育的稀有品种以及最新品种的植物，就连园艺高手也赞叹不已。

兵库县三木市志染町御坂 1276
☎ 0794-87-2125
10：00~17：00 全年无休
fugasha.com

ROOTS

店内摆放着多种多肉植物，还有一些观景植物中的珍稀品种。小店以“享受栽培的乐趣”为宗旨，主要经营种植难度较小的植物。初学者也可以尽情享受。

大阪府箕轮市船场东 3-3-13
ARS 千里中央 101
☎ 072-726-7188
11：00~19：00
每周三、每月第 1、2 个周二休息
ameblo.jp/plantsliferoots

FLOWER SHOP LOBELIA

人气店铺。提到混种盆栽大家就会想到这里。店家提供当场选苗、当场为您混栽的服务。店员能够给您提供周到的帮助。

大阪府界市南区和田 42
☎ 072-293-8985
10：00~18：00
（1~2 月营业至 17：00）
周二休息
（4~6 月、10~12 月无休）
blog.livedoor.jp/fslobelia

JUNK-STYLE BEEDAMA

店如其名。在露天店铺里，摆放着很多种植在古旧风的花盆里的多肉植物混栽盆景。来这里购买植物可自带花盆。

大阪府吹田市寿町 1-4-8
☎ 06-6383-9599
10：00 至傍晚营业
周三休息
下雨或举行活动时有休息可能，
请电话确认
www.beedama.com

树树丸

由京都町屋改造的，兼设咖啡厅的店铺。
店内有山野草、青苔、用信乐烧的瓷器装着的多肉植物等。换盆等售后服务都十分周到。

京都府京都市上京区今出川通
小川东入上北兼康町 301-1
☎ 075-432-8607
11：30~19：00
（周日节假日营业至 18：00）
周一休息，周日不定期休息
jujumaru.com

西关

福若洞盆栽店

经营店主自己烧制的陶器和山野草盆栽的店铺。可以选择自己喜欢的山野草，种到自己喜欢的容器中。壁挂式的盆栽也很受欢迎。

京都府京都市上京区北町 570-1
☎ 090-1961-5701
10：00~18：00
周五至周日、节假日营业
fukuwakado.web.fc2.com

谷川花店

白色和绿色的切花、观叶植物、多肉植物、气生植物、山野草的混种盆栽等，收集了很多能悄然提升室内装饰品位的植物。

京都府京都市上京区今出川通
七本松西入东今小路町 773
☎ 075-464-5415
10：00~20：00 周二休息
tanigawa-hana.petit.cc

SOWGEN FLORIST ET BROCANTE

汇集了老板小泉摄的心爱之物的小店。店内陈列着北欧古典风格的小物以及多肉植物、鲜花，让人心情愉悦。

京都府京都市左京区北白川上终町 10-2
☎ 075-724-4045
12：00~19：00 不定期休息
www.sowgen.com

VERT DE GRIS

由古老的水泵房改装而来的绿植、鲜花店，兼营咖啡店。雅致而又自然的鲜花、多肉植物和混种盆栽种类众多。

京都府木津川市市坂高座 12-10
☎ 0774-71-3505
11：00~18：00
每周四、每月第 2、3 个周三休息
vertdegris.jp

ARAHEAM

从事园艺业的三兄弟经营的，以植物为主体的品质生活店铺。店面由木材仓库改装而成，店内摆放着各种高品质的植物和园艺工具。

鹿儿岛县鹿屋市札元 1-24-7
☎ 0994-45-5564
11：00~19：00
周二休息
araheam.com

专栏 4

精品植物推荐

在此，对本书出现的漂亮而又易打理的植物进行介绍！

鹿角蕨

（多年生常绿草本）

叶片仿佛蝙蝠翅膀一样的附生植物。大多采用悬挂或者桫椤板板植的装饰方式，能够营造出空间的层次感。

· 日照：半日照至全日照。
· 场所：耐阴。应避免夏日的强烈日晒。尽量放在明亮的地方。
· 浇水频度：生长期用喷洒形式浇足水。冬季尽量保持干燥。
· 肥料：夏天生长期用液态肥。
· 大小：小型、中型
· 难易程度：○

装饰此植物的家庭
WATANABE 的家（P24–2）
UENO 的家（P51–1）

孟加拉榕

（常绿乔木）

属于橡树类，易于打理。白色的树干、大大的叶片、清晰凸起的脉络，对照鲜明，给人以洗练的感觉。

· 日照：半日照至全日照。
· 场所：尽量放在通风好、明亮的地方。
· 浇水频度：土壤干燥后浇透水。
· 肥料：春天至秋天生长期施液态肥。
· 大小：中型、大型
· 难易程度：○

装饰此植物的家庭
TAKIZAWA 的家（P19–5）
YAMAUCHI 的家（P52）
YAMASHITA 的家（P63）

海南蒲桃

（常绿乔木）

桉属植物。耐阴性较好。树枝形态和叶子有着绝妙的平衡感。通风条件不好时容易长红蜘蛛，应准备药水。

· 日照：半日照至全日照。
· 场所：尽量放在通风好、明亮的地方。
· 浇水频度：土壤干燥后浇透水。
· 肥料：春天至秋天生长期施液态肥。
· 大小：中型、大型
· 难易程度：○

装饰此植物的家庭
WATANABE 的家（P24–3）
YAMASHITA 的家（P62–4）

短序鹅掌柴

（常绿乔木）

属于鹅掌柴中叶片较小、树枝较柔软的种类。耐寒。和其他鹅掌柴一样耐阴性较好，也不容易长虫。

· 日照：半日照。
· 场所：明亮的地方更为理想，但较暗的地方也可以。
· 浇水频度：土壤完全干透后浇透水。
· 肥料：春天至秋天生长期施液态肥。
· 大小：小型、中型
· 难易程度：◎

装饰此植物的家庭
WATANABE 的家（P23）

金盏花

（多年生常绿草本）

非常耐寒的多肉植物，可以在室外过冬。生命力强，但如果浇水过多或在高温多湿的条件下，容易干枯，需要注意。

· 日照：全日照。
· 场所：应避免夏日的强烈日晒。尽量放在明亮的地方。
· 浇水频度：稍稍保持干燥状态，完全干透后浇透水。冬天尽量不浇水。
· 肥料：春天至秋天生长期施液态肥。
· 大小：小型
· 难易程度：○

装饰此植物的家庭
UMEMURA 的家（P45–3）

猴耳环

（常绿乔木）

细小的叶片和柔软的枝条给人带来清凉感，非常受欢迎。属豆科，夜晚叶片会闭合。少虫、少病，易于打理。

- 日照：需要半日照至全日照，但应避免阳光直射。
- 场所：尽量放在通风好、明亮的地方。
- 浇水频度：土壤未完全干时浇水。
- 肥料：春天至秋天生长期施液态肥。
- 大小：中型、大型
- 难易程度：◎

装饰此植物的家庭
YAMAUCHI 的家（P53-1）
HONMA 和 TAKAHASHI 的家（P68-2、P69）

天门冬

（多年生常绿草本）

叶片细小，枝条呈放射状散开，向下垂吊生长，耐干燥、耐阴性强。特别推荐。环境好的情况下会开白色的花，之后会结果。

- 日照：半日照至全日照。
- 场所：明亮的地方更为理想，较暗的地方也可以。
- 浇水频度：土壤完全干透后浇透水。
- 肥料：春天至秋天生长期施液态肥。
- 大小：小型
- 难易程度：◎

装饰此植物的家庭
FUNAI 的家（P65-3、5）

豆瓣绿

（多年生常绿草本）

草胡椒属。叶片呈圆形，有光泽且肥厚多肉。草胡椒属草本植物，大都易于打理，生命力强，耐干、耐阴性强。春天至夏天可进行扦插。

- 日照：半日照。
- 场所：在阴暗处可能会徒长，因此有适当光照的地方更好。
- 浇水频度：土壤尽量保持干燥，完全干透后浇透水。
- 肥料：只在夏天生长期施液态肥。
- 大小：小型、中型
- 难易程度：◎

装饰此植物的家庭
YAMAUCHI 的家（P53-2）

纽扣玉藤

（多年生常绿草本）

眼树莲属草本植物基本都是耐干、生命力强的附生植物（以气根攀附于木头、岩石等物上）。因为有长长的藤蔓，所以放在架子上或悬挂起来都非常好看。

- 日照：半日照。
- 场所：通风较好、没有阳光直射的地方。
- 浇水频度：土壤尽量保持干燥，有时可以喷雾形式给叶片浇水。
- 肥料：春天至秋天生长期施液态肥。
- 大小：小型
- 难易程度：◎

装饰此植物的家庭
NAITO（P72-1、2）

发财树

（常绿乔木）

生命力非常强，容易打理，是最常见的观叶植物之一。跟以前相比，现在的修剪方法逐渐变得丰富起来，姿态脱俗的植株越来越多。

- 日照：半日照。
- 场所：明亮的地方更为理想，较暗的地方也可以。
- 浇水频度：土壤完全干透后浇透水。
- 肥料：春天至秋天生长期施液态肥。
- 大小：中型、大型
- 难易程度：◎

装饰此植物的家庭
MATSUE 的家（P59-4）

碰碰香

（多年生常绿草本）

多肉植物。有着薄荷一样柔和的芬芳。叶片可用于料理。扦插也非常简单。耐寒性较差，最好放置于日照较好的窗边。

- 日照：全日照。
- 场所：阳光较好的地方。
- 浇水频度：土壤尽量保持干燥，完全干透后浇透水。冬季应保持干燥。
- 肥料：只在夏天生长期施液态肥。
- 大小：小型
- 难易程度：○

装饰此植物的家庭
NAITO 的家（P73）

摄影师

宇寿山贵久子、冈森大辅、片山久子、境野隆祐、迫田真实、佐佐木干夫、泽崎信孝、大坊 崇、泷浦哲夫、千叶 充、永田智惠、松井 浩、福尾行洋、宫滨祐美子、山口幸一

图书在版编目（CIP）数据

与大自然亲密接触的绿色家居装饰 / 日本主妇之友社编著；姚维译. —郑州：河南科学技术出版社，2016.8（2017.6重印）
ISBN 978-7-5349-8114-2

Ⅰ. ①与… Ⅱ. ①日… ②姚… Ⅲ. ①住宅—室内装修—无污染技术 Ⅳ. ①TU767

中国版本图书馆CIP数据核字（2016）第098659号

出版发行：河南科学技术出版社
地址：郑州市经五路66号　　邮编：450002
电话：（0371）65737028　65788613
网址：www.hnstp.cn
策划编辑：李　洁
责任编辑：杨　莉
责任校对：张娇娇
封面设计：张　伟
责任印制：张艳芳
印　　刷：河南新达彩印有限公司
经　　销：全国新华书店
幅面尺寸：185 mm × 260 mm　印张：6　字数：100 千字
版　　次：2016年8月第1版　2017年6月第2次印刷
定　　价：38.00 元